AF343857

CATALOGUE

D'OBJETS PRÉCIEUX

D'HISTOIRE NATURELLE

ET DES ARTS,

Qui garnissoient la Galerie du feu C.^{en} Poissonnier;

Dont la Vente se fera le 21 Germinal prochain, & les sept jours suivans, rue des Vieilles-Audriettes, N°. 6, à cinq heures précises de relevée.

On verra la totalité des Objets, les trois jours qui précéderont la Vente, depuis onze heures du matin jusqu'à trois heures; & le matin de chaque Vacation, depuis midi jusqu'à deux heures, les Objets qui seront vendus le soir.

————

Ce Catalogue se distribue, à PARIS,

Chez les Cit.
{
GIRARDIN, ancien Huissier-Priseur, au coin des rues des Petits-Augustins & du Colombier, N°. 1320;
POISSONNIER-PRULAY, rue neuve des Capucines, Chaussée d'Antin, N°. 6.
}

AN VIIe DE LA RÉPUBLIQUE FRANÇAISE.

La Collection d'Objets d'Histoire Naturelle & des Arts, qui est offerte au Public, est le résultat de cinquante années de soins du citoyen Poissonnier, qui n'a rien négligé pour la porter à la plus haute perfection. Une correspondance active & jamais interrompue, que cet homme, distingué par ses connoissances, entretenoit avec tous les Savans de l'Europe, la place honorable qu'il occupoit dans l'Académie des Sciences & qui le mettoit en relation avec eux, l'ont mis à portée de se procurer les objets les plus rares. Chargé par le Gouvernement du choix & de l'examen de tous les Officiers de Santé de la Marine, chacun d'eux se faisoit un devoir & un plaisir de lui envoyer ce qu'il pouvoit trouver de plus précieux dans les diverses parties du Monde qu'il parcouroit, aidé par les instructions savantes & précises qu'il lui fournissoit à leur départ. Lui-même n'a épargné

A 2

aucune dépense pour se procurer dans les Ventes des plus célèbres Cabinets, les morceaux distingués.

Nous avons cherché à éviter au Public l'ennui de voir passer en revue des lots mesquins, en formant des Suites nombreuses dans les Insectes, Coquilles, Minéraux: Nous avons cru par-là seconder le zèle des Professeurs d'Histoire Naturelle des Départemens, en leur offrant ces Suites nombreuses, qui, avec celles qu'ils reçoivent du Muséum d'Histoire Naturelle de Paris, peuvent les mettre en état d'appuyer leurs démonstrations par la vue des êtres qu'elles ont pour objet.

La Suite des Animaux empaillés est d'autant plus intéressante, que peu de Cabinets les ayant rassemblés, il est très-rare de les trouver dans les Ventes publiques.

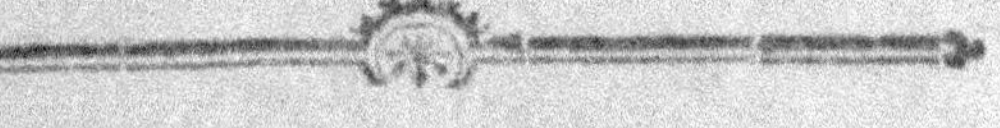

CATALOGUE

D'OBJETS PRÉCIEUX

D'HISTOIRE NATURELLE

ET DES ARTS,

Qui garnissoient la Galerie du feu citoyen POISSONNIER.

HISTOIRE NATURELLE
DE L'HOMME.

N°. 1 UNE grande Momie égyptienne. « Tout
» le monde sait qu'outre la rareté de
» pareils morceaux , les Peintres en
» achètent les fragmens fort cher, pour
» les employer comme couleur ».

2 Une petite Momie égyptienne bien con-
servée dans sa boëte , de bois de sico-
more ; elle est ornée de bandelettes
chargées d'hiéroglyphes , peintes de
diverses couleurs.

3 Un sujet d'Enfant disséqué , pour la
démonstration des viscères ; il est dans
une cage de verre.

4 Une Neurologie & une Angiologie ,

A 3

parfaitement exécutées, en tableaux sous verre.

5 Une boëte contenant les os, pour la démonstration de la tête humaine ; ils sont parfaitement préparés.

6 Huit Estampes imprimées en couleur, pour la démonstration des parties intérieures de la tête humaine, & un grand volume de planches anatomiques, aussi imprimées en couleur, par Gautier Dagoti.

7 Un petit modèle en cire, d'un Enfant né avec la peau tigrée.

Plus, un Serpent & une Chenille desséchée ; et plusieurs grands Serpens.

8 Un appareil en bois garni de peau, pour la démonstration des accouchemens.

9 Portrait en cire, de Bébé, nain du roi de Pologne ; il est habillé d'une veste de drap d'or, d'un habit de velour noir : dans une cage de verre, & sur son piédestal.

10 Deux Médaillons en bois sculpté, doré, représentant Hyppocrate & Gallien ; plusieurs autres tableaux représentant des Médecins. — Plus, deux bustes grands comme nature, représentant des Hommes illustres.

11 Bocaux renfermant des acides & autres
drogues ; inſtrumens de Chirurgie, &
pluſieurs morceaux de fontes ciſelées
& dorées d'or moulu, ayant ſervi à monter
des objets de curioſité.

QUADRUPÉDES.
POISSONS,
REPTILES.

12 Une peau de Lion d'Afrique, garnie de
ſes dents & prête à être montée. Cet
objet & les ſuivans, peuvent ſervir aux
Peintres & aux Artiſtes des différens
théâtres pour les coſtumes, aux Fourreurs
pour chabracqs, caparaçons de chevaux,
garnitures de caſques.

13 Une peau de Lion, avec les dents, prête
à être montée.

14 Une peau de Lion, pareille à la précé-
dente.

15 Une peau de Condoma, avec les cornes
adhérentes ; & une peau de Fourmillière.

16 Une peau de Zèbre avec ſes ſabots,
prête à être montée.

17 Une peau de Zèbre, pareille à la pré-
cédente.

18 Une peau de Zèbre.

A 4

19 Une peau de Zèbre.
20 Une peau de Panthère.
21 Une peau de Panthère.
22 Une peau d'Ocelot & une de Lynx.

Troisième Armoire en partant de la porte d'entrée.

23 Trois Pangolins ; deux Guépiers cartonneux de Cayenne.
24 Un petit Crocodile & un Lézard.
25 Une grande Loutre Saricovienne du
Canada.

    Nota. C'est celle dont les Chinois
achètent la fourrure jusqu'à 400 francs
& 600 francs. Voyez les Voyages de
Cook.

Quatrième Armoire, au-dessus.

26 Un Crocodile ; une tête de Sanglier
d'Afrique ; une tête de Lion ; un Poisson
armé ; une tête de Morse ; une Carapace
de Tortue ; deux œufs d'Autruche.

Cinquième Armoire, au-dessus.

27 Une tête d'Hyppopotame.

Sixième Armoire, au-dessus.

28 Une tête d'Éléphant , d'une espèce
très-rare.

Sixième Armoire, dans le haut.

29 Une Panthère.
30 Le grand Mandrille.
31 L'Ocelot, & un Chien crabier.
32 Un Blaireau du nord & un Paca.
33 Un Singe rouge, *dit* le grand Heurleur.
34 Le Pareſſeux à trois doigts ; deux Singes noirs.

Sixième Armoire dans le deſſous, première Tablette.

35 Huit Quadrupèdes, ſavoir : le Marguay, deux Tendrags de la mer du Sud, deux Sarigues, le Singe Midas, un petit Hériſſon des grandes Indes, très-rare, un petit Faon.

Deuxième Tablette.

36 Dix Quadrupèdes, ſavoir : la Fouine, deux petits Fourmilliers, deux Opoſſums, l'Aï, deux Ecureuils étrangers.

Troiſième Tablette.

37 Cinq Tatous.

Quatrième Tablette.

38 Dix Quadrupèdes, dont deux Singes de nuit, le Singe capucin, l'Unau, trois Pareſſeux, un petit Marcaſſin étranger.

Cinquième Tablette.

39 Sept Quadrupèdes , dont trois Agoutis ,
le Saïmiri , l'Hermine , le Cabiai.

40 Le Saïberi , deux jeunes Chiens crabiers.

41 Un Chien crabier, jeune , un Didelphe.

42 Un Ocelot , et une Mangouste.

43 Un Opossum , un Agouti , & un Singe
heurleur.

44 Un Paca, & un Marcassin de la Guyanne.

45 Un Kinkajou , rare.

46 Un Singe heurleur.

47 Une tête d'Eléphant d'Afrique bien con-
servée, & deux défenses d'Eléphant.

48 Un Lot d'ossemens de divers animaux,
maladies des os, têtes de Tortue, dents
d'Hyppopotame , de Vache marine ,
mâchoire de Requin , &c. : en tout vingt.
cinq pièces principales.

49 Une boëte remplie de diverses dents ,
& autres parties osseuses d'animaux ;
plus, une boëte remplie de coquilles ;
dont des gryphites sur une branche de
manglier.

50 Trois paires de cornes : savoir : une de
Condoma ; une de Bison, & une d'An-
telope.

51 Une corne de Rhinocéros simple ; une
double, & une dent molaire d'Eléphant.

52 Cinq paires de cornes, dont une de Condoma; une de Buffle, & autres.

53 Une très-belle paire de corne de Condoma.

54 Deux Guépiers cartonneux de Cayenne; une bande de peau humaine corroyée; trois dents molaires d'Eléphant; une tête de Requin, &c.

55 Une énorme défense de Poisson scie; une tête de Vache marine; une de Requin; deux vertèbres de Baleine; trois peaux de Serpent.

Au-dessus de la porte d'entrée de la galerie.

56 Environ trente-six pièces; Poissons & Quadrupèdes ovipares; dont une grande Chauve-souris de Madagascar; quatre défenses du Poisson scie; le Poisson S. Pierre; le Phoque noir; Crocodile; Lézard, &c.

A côté de la porte à gauche.

57 Quantité de bocaux, contenant des Serpens, & autres animaux dans de l'esprit-de-vin.

Sur la porte.

58 Une grande quantité de Poissons em-

paillés, qui feront vendus en un feul
article.

OISEAUX.

Première Armoire en partant de la porte,
travée du haut.

59 Un Goéland gris; un grand Plongeon;
trois Grebbes; un Pingouin des grandes
Indes; l'Albatroff du Cap de Bonne-
Espérance; le Pélican brun; le Pélican
blanc du Cap; un Vautour des Indes;
deux Flammans phénicoptères.

Même Armoire, travée du bas.

60 Deux Canards branchus; deux Canards
de Barbarie; le Bec en cizeaux; l'Eider
mâle & femelle (c'est l'oiseau dont on
tire l'Edredon); deux Pétrels; deux
Canards de la Louisiane; deux Grebbes.

Deuxième Armoire, en haut.

61 Vingt-un Oiseaux; favoir: deux Vau-
tours; un grand Aigle d'Afrique; deux
Coqs de bruyère mâles; un Hocco; un
Savacou; un Haninga; un Gerfaut de
Norvège, &c.

Troisième Armoire, en haut.

62 Le Vautour; le Secrétaire, très-rare; le

Kamichi ; le Crapaud volant ; avec les oiseaux de la dernière tablette du bas , du dessous de la même armoire, dont l'Honoré de Cayenne ; le Paille en cul , &c.

Troisième Armoire ,
Première Tablette du dessous.

63 Onze Oiseaux ; savoir : le Tocco ou grand Toucan ; le Toucan à gorge blanche ; le Toucan à gorge jaune ; le Rollier de Madagascar , &c.

Deuxième Tablette.

64 Douze Oiseaux ; savoir : deux Coqs de roche ; deux Faisans ; un Crapaud volant ; un Toucan ; un Courlis rouge ; deux petites Tourterelles de S. Domingue, &c.

Troisième Armoire ,
Premier Arbre du côté de la porte.

65 Vingt-un Oiseaux ; savoir : le Col-nud , rare ; un Gobe-mouche huppé , rare ; le Court-vîte ; une Piegrièche du Sénégal , rare ; un Pinçon blanc ; le Talapiau , &c.

Troisième Armoire , deuxième Arbre.

66 Dix-neuf Oiseaux ; savoir : l'oiseau de Paradis ; deux Coqs de roche , dont un

en jeune âge ; l'Étourneau blanc ; deux
grands Cassiques ; trois Commandeurs de
différens âges , &c.

Troisième Arbre.

67 Trente-sept Oiseaux , savoir : le Mani-
cup ; plusieurs Grimpereaux ; plusieurs
Manaquins , &c.

Quatrième Arbre.

68 Trente-trois Oiseaux , savoir : la Veuve
à longue queue ; le Septicolor ; le Cardinal de Virginie mâle & femelle ; le
Cardinal du Sénégal ; le Bec croisé ;
un joli Tangara verd ; un Gobe-Mouche , &c.

Cinquième Arbre.

69 Trente-un Oiseaux , savoir : le Cotinga
bleu ; le Cotinga verd ; le Cotinga pourpre ; le Cotinga à tête rouge , mâle & femelle ; le Maïnate , rare ; un Pic très-
rare , numéro 174 ; le Colibri à long
bec ; le Colibri grenat ; le Colibri to-
pase ; l'Oiseau mouche huppé ; l'Oiseau
mouche rubis ; l'Oiseau mouche à ra-
quêtes , &c.

Quatrième Armoire , au-dessus.

70 Vingt Oiseaux , savoir : la Frégate ; un

(15)

Calao ; deux Agamis ; le Pigeon cou-
ronné, des îles Moluques; trois espèces
de Faisan de la Guyanne , &c.

Quatrième Armoire , premier Arbre.

71 Vingt-un Perroquets , savoir : le Haras
verd; le Perroquet à tête de Faucon ;
la Perruche d'Otaïti , très-rare; deux
Loris ; une Perruche de la mer du Sud,
rare ; &c.

Deuxième Arbre.

72 Vingt-trois Oiseaux , savoir : un Coucou
de Surinam ; un Coucou gris de la
Guyanne; le Bout de Petun ; le Momot ;
deux Couroucoucous ; un Tamatia ; deux
Guépiers; quatre Martins pêcheurs, dont
un du Sénégal, &c.

Troisième Arbre.

73 Vingt-trois Oiseaux , savoir : une Be-
cassine blanche; & autres Oiseaux de
France.

Quatrième Arbre.

74 Vingt-quatre Oiseaux , savoir : Un Rollier de Mindanao ; un Jaseur ; un Coucou
de Madagascar ; un Crapaud volant d'A-
frique ; le Merle d'eau; le Bout de Petun
& autres.

Cinquiéme Arbre.

75 Quatorze Oiseaux , savoir : le Racari mâle & femelle ; deux Toucans à ventre rouge ; un Toucan à ventre jaune ; le Geai bleu de Virginie ; le Cassenoix ; deux Coucous des grandes Indes , fort rares.

Cinquiéme Armoire , en haut.

76 Quatorze Oiseaux , savoir : le Jabiru ; la Cigogne ; la Spatule , le Manchot , deux Hérons blancs , & trois autres Hérons d'Amérique.

Cinquième Armoire , Tablette d'en haut , du bas de l'Armoire.

77 Quatorze Oiseaux, savoir : le Courlis verd le Haras bleu ; l'Aigrette ; la Poule sultane ; le Chirurgien ; le Butor , un Bihoro ; la Poule d'eau , &c.

Deuxième Tablette.

78 Onze Oiseaux , savoir : le Héron violet ; le Paille en queue ; deux Courlis rouges ; deux Paons de rose , la Spatule couleur de rose ; &c.

Troisième Tablette.

79 Douze Oiseaux ; savoir : une Spatule ; l'Echasse ,

l'Echaffe , rare ; le Court-lent ; l'Honoré de Cayenne , &c.

81 Un carton contenant vingt-cinq Oifeaux
de la Guyanne , prêts à être montés.

82 Six Œufs d'Oifeaux , dont un de Pingouin ; deux d'Autruche ; trois de Ca-
fouards , à taches vertes de relief.

83 Une collection confidérable d'œufs d'Oifeaux , étiquetés.

INSECTES.

*Autour de la grande table du milieu de la
Galerie.*

Au bout en entrant.

84 Six cadres ; favoir : le Nacré bleu de la
rivière des Amazones ; la Phalêne chi-
née, rare ; une Phalêne de Saint-Domin-
gue ; le Paon de nos pays ; le Porte-
queue de Cayenne ; le Vitré de la Chine ;
le Paris.

*Première rangée en fuivant vis-à-vis la
bibliothèque & les fenêtres.*

85 Vingt-huit cafes d'Infectes & Papillons ;
favoir : Crifomêle bleue de Surinam ,
rare ; deux Scarabées du Pérou ; une
Boffe-Triche, d'Afrique très-rare ; huit
Scarabées Mimas , &c.

B

Deuxième rangée vis-à-vis les bibliothè-
ques.

86 Vingt-huit caſſes d'Inſectes , dont un
Charanſon gris, très-rare; deux Richards;
trois Capricornes cordelières ; une Cétoine du Sénégal ; un Capricorne du Sénégal , &c.

Troiſième rangée.

87 Vingt-huit caſes, un petit Capricorne du
Sénégal , rare ; la Priaune-Longimane ;
deux Charanſons du Pérou ; une Mélo-
lonte , très-rare ; pluſieurs Capricornes ,
d'Amérique; deux Pages de Chanderna-
gor ; &c.

Quatrième rangée.

88 Vingt-huit caſes , trois Elatères ; neuf
Bupreſtes , dont deux de Chander-
nagor , très-rares ; une Criſomêle pique-
tée de jaune ſur un fond noir ; deux
Paſſalus , &c.

Cinquième rangée.

89 Vingt-huit caſes , une Mante du Cap de
Bonne-Eſpérance , dite la Feuille ambu-
lante ; le petit Porte-Lanterne , &c.

Sixième rangée.

90 Vingt-huit caſes , huit Scorpions aqua-

tiques ; une Cétoine maculée , rare ; &c.

Rangée en retour , derrière le buste de Buffon.

91 Six cases de Papillons , & Phalènes , dont un très-rare à barre blanche sur les ailes supérieures , de Surinam , &c.

En suivant , en retour , vis-à-vis les Quadrupèdes.

Première rangée.

92 Vingt-huit cases, une Punaise de Cayenne à taches rouges , trois Cassides ; &c.

Deuxième rangée , en comptant de la cheminée , vers la porte vis - à - vis les Oiseaux.

93 Vingt-huit cases , contenant, quatre Crisomèles de Cayenne ; trois Fourmis de Cayenne , &c.

Troisième rangée.

94 Vingt-huit cases , savoir : deux Scarités ; deux Pimelies ; dix Crisomèles ; le tout de Cayenne , &c.

Quatrième rangée.

95 Vingt-huit cases, Demoiselles ; Sauterelles , &c.

Cinquième rangée.

96 Vingt-huit cafes , contenant des Papillons , prefque tous étrangers.

Sixième rangée.

97 Vingt-huit cafes , Papillons de France ,
& autres.

98 Deux cadres dorés, contenant des Papillons Paons ; le Satin bleu de la rivière
des Amazones, &c.

99 Un cadre doré , contenant douze Infectes ; dont une grande Araignée , d'Amérique ; deux Scolopendres; Chenilles ;
&c.

100 Un cadre doré, contenant treize Mantes,
Sauterelles, &c. dont le Porte-Lanterne
de Surinam.

101 Un cadre doré, contenant dix-neuf Sca-
rabées , dont trois Hercules ; deux Porte-
Faix; deux Hectors; le Porte-Clef ; deux
Mimas.

102 Un cadre doré, contenant des Capricornes & des Priaunes , dont deux Priaunes Longimanes ; deux Charanfons pal-
miftes ; deux Bupreftes d'Amérique ,
&c.

103 Un lot de vingt Infectes de choix , la
plupart du Sénégal, dont quatre Richards;
des Punaifes argentées , &c.

104 Dix-neuf Infectes de choix; tels que la Punaife argentée du Sénégal, &c.

105 Une boëte, contenant environ quatre-vingt Infectes, la plupart du Sénégal, dont la Punaife argentée, &c.

106 Quatre boëtes en carton recouvertes en papier verd, artiftement garnies intérieu-rement de lozanges de Liège, prêts à recevoir des Infectes; une d'elles eft prefque remplie d'infectes de nos pays.

107 Quantité de boëtes & verres propres à arranger des Infectes & Papillons, & deux Filets pour la chaffe des Papillons.

CRUSTACÉS.

108 Une jolie collection de Bernards-l'Her-mite, logés dans diverfes coquilles col-lées fur trois cartons.

109 Un lot de Cruftacés, dont fept Crabes des Moluques.

110 Une Etoile de mer, à dix-huit rayons garnis de longues épines, rare.

111 Une boëte, contenant deux Ourfins à baguettes Onix; un petit Crabe des Mo-luques très-joli; deux queues de Serpens à fonnètes; une petite défenfe de poiffon Scie; des petits Hyppocampes; &c.

B 3

112 Une corne de Rhinocéros ; une dent
Molaire d'Eléphant ; une paire de cornes
de Condoma ; un Guépier cartonneux ;
& un grand Madrépore nommé la Limace ;
elle est cassée en trois morceaux.

113 Divers morceaux de Mines ; un œuf
d'Autruche ; un Coco triangulaire ; un
Bouquetin ; un Chien Turc ; & une
Tortue Caret (c'est celle qui fournit l'é-
caille).

114 Quatre becs de Toucan ; un de Spatule ;
dix pièces, telles que grouppes de glands
de mer & autres Coquilles, & deux
boëtes pleines de diverses Coquilles.

115 Plusieurs Panaches de mer ; une tête de
Méduse ; un Pangolin ; un Lézard ; un
Crabe des Moluques ; une portion de
défense du poisson Scie ; un Serpent
Amphisbêne, & un grand Serpent
empaillé.

MADRÉPORES ET CORAUX.

116 Deux très-grands Madrépores sur leurs
pieds d'ouche, en platre.
« Ces deux morceaux sont très-pré-
» cieux pour leur volume ; ils viennent
» du cabinet Montriblond ».

117 Un Madrépore rofier , noir , formant un
bel arbriffeau en évantail d'une grande
étendue.

118 Un joli Madrépore bleu , bien confervé.

119 Un bel arbriffeau en évantail du Madrépore connu fous le nom de Corail blanc
oculé.

120 Trois Madrépores œuillets , & deux
Millepores du plus beaux choix.

121 Deux Millepores, dont un en cornes de
Daim ; un en œuillet ; un en Eventail ,
digité de la plus grande confervation &
blancheur.

122 Trois beaux Millepores , & un Fongite
à l'intérieur duquel adhère un petit Fongite.

123 Trois arbriffeaux de Corail , dont deux
dépouillés de leur écorce & polis.

124 Un bel arbriffeau de Corail rouge , re-
vêtu de fon écorce ; & un Litophite dit
Corail blanc articulé.

125 Un petit arbre de Corail mi - partie ,
blanc & rouge , rare ; un arbriffeau du
Madrépore dit Corail blanc oculé ; & un
arbre touffu de Corail rouge.

126 Quatre Madrépores fongites , dont deux
Limaces.

127 Trois Madrépores fongites ; deux Tubi-

pores , dont un à grands œuillets ; & un Vermiculaire tuyau d'orgue.

128 Cinq Madrépores , dont deux œuillets ; deux Fongites ; &c. & deux Eponges rameuses d'espèces rares.

129 Un Vermiculaire tuyau d'orgue , & huit Madrépores choisis ; Œuillets ; Amarante, Fongites, & autres.

130 Neuf petits Madrépores ; Fongites ; Œuillets ; Méandrites , &c. un petit Madrépore en arbrisseau de couleur lilas , un Corail rouge , & deux Corallines.

131 Onze petits Madrépores de choix ; Digités ; en Epis ; Amarantes ; Fongites ; &c.

132 Onze Rétépores divers, dont plusieurs manchettes de Neptune.

133 Dix-sept très-jolis Madrépores ; Œuillets ; Fongites ; Millepores , &c.

134 Un grand & beau grouppe de Vermiculaire tuyau d'orgue.

135 Un fort grouppe de Vermiculaire tuyau d'orgue.

Armoire aux Madrépores , à gauche de la cheminée ,

Tablette du haut.

136 Huit Madrépores épis de bled , Amarante , &c.

(25)

137 Six Madrépores , & un grouppe de
Vermiculaire.

138 Six Madrépores variés , dont un bleu.

139 Sept Madrépores digités ; Char de Neptune ; Amarante ; Epis de bled ; &c.

140 Sept Madrépores , dont la queue de Rat
des Amarantes ; Choux-Fleurs , &c.

141 Cinq gros Madrépores , dont un peu
commun à grosses digitations ; deux à
feuilles de Chou , &c.

142 Neuf Madrépores œuillets, Epis de bled,
& autres de choix.

Même Armoire,
Deuxième Tablette, en descendant.

143 Huit Madrépores ; Amarantes ; Char de
Neptune , &c.

Troisième Tablette, en descendant.

144 Six Madrépores en éventails ; en épis de
bled , & un Panache litophite , recouvert de la substance pierreuse des Madrépores.

Quatrième Tablette, en descendant.

145 Dix Madrépores , & Escares , dont un
grand Char de Neptune, à plusieurs feuilles ; d'autres à feuilles de Chêne ; en
épis , &c.

Cinquième Tablette , en descendant.

146 Dix Madrépores , dont un bleu ; une
Manchette de Neptune ; d'autres en éven-
tail ; en épis ; &c.

Sixième Tablette , en descendant.

147 Cinq grands Madrépores , dont le rosier ;
d'autres en épis de bled , &c.

Armoire aux Coraux , à droite à côté
de la porte d'entrée.
Sur les trois Tablettes du haut.

148 Plusieurs variétés de Litophites, Éponges
dont quelques unes rares.

Même Armoire,

Quatrième Tablette, en descendant.

149 Deux fort grouppes de Vermiculaire ;
& quinze autres Polypiers ; Œuillets ;
Madrépores ; Litophites ; dont celui
connu sous le nom de Corail noir ;
Tuyau d'orgue, &c.

Cinquième Tablette, en descendant.

150 Deux grandes Roches garnis de Coraux
rouges, Litophites, &c. plus d'autres
Polypiers, dont trois Coraux rouges.

Sixième Tablette, en descendant.

151 Environ dix-huit tant Coraux qu'autres
Polypiers, dont deux grandes branches
du Lithophite dit Corail noir.

Septième Tablette.

152 Deux Panaches litophites ; & onze tant
Madrépores que Millepores & Méandrites.

Huitième & dernière Tablette.

153 Un grand arbrisseau de Corail rouge ;
trois gros Méandrites ; deux grouppes
de Vermiculaire ; une Limace ; & des
Frais de poissons.

C O R A L L I N E S.

154 Un livret, contenant quinze Corallines
variées, du travail le plus délicat, avec
une note indicative de leurs noms ; &
quatre-vingt-huit autres Corallines bien
conservées & disposées, entre des feuilles de papier.

155 Environ quarante belles Corallines éti-
quetées, de plusieurs variétés, & come-
nies dans un porte-feuille.

156 Trois cadres renfermant des Fucus , &
Corallines disposées en arbres , avec
terrasses de même nature ; montés sous
verre.

C O Q U I L L E S.

157 Une petite Scalata & une autre Scalata
à gros cordons , & à treillis beaucoup
plus rare que la première ; plus , une
fausse Scalata.

158 Un Vermiculaire, Multivalve papiracé
blanc , ayant à-peu-près la forme des
arrosoirs , mais sans fraise & sans trous
par le haut : connu sous le nom de
Massue de Ceylan..

159 Une Massue de Ceylan.

160 Une Variété d'arrosoirs, sans fraise, dont
la base est plissée en forme de manchette
ce qui assure que cette base est parfaitement entière.

161 Un Pavillon d'Orange riche en couleur.

162 Un Cornet ou Côné, dit l'aile de Pa-
pillon; vif en couleur.

163 Un Amiral très-bien conservé, vif en
couleur.

164 Un Amiral de grand volume.

165 Une Porcelaine, dite la Navette.

166 La grande Bécasse épineuse.

167 Une Bécasse épineuse, dont les épines
sont peu serrées, & une Massue d'Her-
cule de la grande espèce.

168 Une Coquille nommée *Concha exotica* ;
elle est avec son nerf.

169 Une Harpe à côtes serrées, dite le Manteau de Saint-James.

170 Une Harpe, dite *Harpa nobilis*.

171 Le Pis de Biche, marbré de Zigzags
bruns sur un fond fauve.

172 Une grande Selle polonoise (elle est
un peu endommagée dans sa bordure).

173 Un Buccin feuilleté de Magellan: il est
de grand volume.

174 Un grand Nautile papiracé d'Amérique
(il y a un petit trou)

175 Une très-grande Tuillée ou Bénitier.

176 Une Porcelaine, dite l'Argus, de la
plus vive couleur.

177 Un Oursin à baguettes triangulaires ver-
dâtres, qui se sont détachées du corps
de l'Oursin, par l'humidité ; mais qui
peuvent être remontées ; ayant été re-
cueillies avec soin.

178 Un Oursin pareil au précédent.

179 Un Oursin à baguettes dont les extrémités tirant sur l'Oranger, sont appla-
ties en forme de spatule.

180 Deux beaux Limas, à bouche renversée,
à rubans noirs sur un fond brun, garnis
chacun de leur opercule.

181 Deux Buccins, nommés l'*Unique* & le
Contr'unique.

182 Deux Buccins terrestres, Jonquilles ;
bouche à droite & bouche à gauche.

183 Deux Coquilles, savoir : un Zébre &
un Tapis de Perse.

184 Deux Nérites, Fluviatiles noires, à longues épines.

185 Deux Nérites pareilles aux précédentes.

186 Deux autres.

187 Deux Nautiles chambrés, bien conser-

vés ; dont un dépouillé jusqu'à la nácre,
poli , & du plus vif orient.

188 Trois Nautiles épais , chambrés.

189 Deux Nautiles épais , chambrés , dont
un Scié pour laiffer voir les cloifons de
l'intérieur.

190 Trois Nautiles , favoir : un chambré ;
un papiracé , à grains de riz , des
Indes , un peu endommagé ; & un papiracé , bien confervé d'Amérique.

191 Trois Nautiles papiracés , dont celui à
grains de riz , des Indes.

192 Un très-grand Lépas , dépouillé & poli ,
à bords bruns chatoyans du genre des
Médufes ; & deux Conques Perfiques.

193 Trois Lépas , Médufes , dépouillés &
polis , & deux Porcelaines , nommées
l'Arlequine.

194 Neuf Lépas ; la plupart à appendices ,
dont le bonnet de Dragon ; le bonnet
Chinois , &c.

195 Cinq Limas papiracés , dont deux Canta-
rides , & deux dits Taffetas des iles Ma-
louines.

196 Cinq Limaçons, dont un Teflicule ; la
Maçonne , la Gueule noire ; & un Limaçon terreflre d'Efpagne , en vive arrête & à treillis.

197 Neuf Limaçons & Nérites de choix ,
dont une couleur de rose , à bouche
orangée ; un Dauphin ; un Limaçon de
Ceylan à trois cordons en vive arrête ,
une Nérite blanche granuleuse ; un En-
tonoir , &c.

198 Six petits Cornets de choix : dont le
drap d'or à bandes bleues ; la Couronne
impériale; la Fausse Spéculation ; la Tine
de beurre , &c.

199 Deux Tasses de Neptune , panachées ,
& une Couronne d'Éthiophie bien con-
servée.

200 Six Buccins Fluviatils & terrestres de
choix , dont deux à rubans couleur de
rose sur un fond blanc ; deux petites vis
du genre des grains d'avoine , &c.

201 Six Coquilles de choix , savoir : un
Casque pavé ; une Oreille sans trous ;
deux Sabots , dont un nacré & poli du
plus bel Orient.

202 Six Coquilles , dont une Harpe noble;
un Oubli , &c.

203 Six Coquilles , dont deux belles Harpes
vives en couleur & bien conservées.

204 Deux grandes pourpres blanches à bouche couleur de rose.

205

205 Cinq Pourpres, dont trois du genre des
Bécaffes ; & une Pourpre rameufe à
clavicule très-allongée.

206 Cinq Pourpres, dont une Maffue d'Her-
cule, à trois rangs de pointes ; une
tête de Bécaffe fur laquelle eft grouppée
un maron épineux couleur de rofe.

207 Seize Rochers, dont une Araignée femelle très-colorée ; un bois veiné ; un
lard, &c.

208 Cinq grandes Coquilles de choix, dont
deux Conques de Triton ; deux racines
de Brionne & un Lambis, dont l'intérieur eft de la plus vive couleur de rofe.

209 Une Boëte contenant onze vis bien
confervées ; deux tines de beurre ; un
tigre de grand volume, & trois autres
coquilles.

210 Quinze Coquilles, dont trois mufiques ;
une arlequine, une cuillère à pot, &
deux cœurs de bœuf.

211 Une Moule de Magellan & une bleue
foncée, dépouillée & polie.

212 Une Moule de Magellan & une du Rhin,
dépouillées & polies.

213 Une Moule de Magellan, dépouillée
& polie ; & une grande Pholade garnie
de fes pièces.

C

214 Une Moule du Rhin , dépouillée &
polie du plus vif orient , & une grande
Moule verte.

215 Quatre Moules dépouillées & polies ,
dont celle d'Alger , celle du Rhin &
deux violettes.

216 Deux Moules des Papous , une de Kinéa
& une Moule verte ; toutes quatre d'un
beau choix.

217 Deux Huitres épineuses d'Amérique ,
dont une avec corail oculé ; une feuille
en crête de coq , une Valve de came ,
à laquelle adhèrent deux marons épineux ; une telline fluviatile , *dite* le Bec
de cane ; un petit marteau bien conservé , une pelure d'oignon , un manche
de couteau & une telline papiracée.

218 Une grande Mere-perle , une Pintade
de grand volume , & une Huitre épi-
neufe blanche , fur laquelle est grouppé
un Vermiculaire violet.

219 Une grande Huitre du genre des crêtes
de coq , une cuisse & une enclume.

220 Trois Huitres plattes , de grand volume ,
dont une *dite* l'Oiseau & deux Pintades.

221 Un grouppe de huit gâteaux feuilletés ,
monté fur un pied de bois noirci.

222 Deux Manteaux ducaux, riches en couleur, & un grand peigne couleur de
rofe.

223 Deux Soles bien confervées & riches
en couleur, dont celle du nord.

224 Deux Soles, dont celle du nord; un
Manteau ducal & fix Peignes panachés
de diverfes couleurs.

225 Une petite Tuillée, à feuilles ferrées ;
une grande Telline radiée grife, un Cœur
à oreilles, un Cœur de bœuf épineux,
& un Chou.

226 Une très-grande Telline radiée grife,
un Chou de grand volume, & une
Tuillée blanche.

227 Sept Cœurs, dont celui à oreilles; une
Tuillée, & autres.

228 Neuf Tellines & Cames, dont l'abricot,
une Came citron à rubans rofes, une
Fluviatile orangée, rare, & autres. La
plupart de ces coquilles font dépouillées
& polies.

229 Treize Coquilles, tant Cames que Tellines & Cœurs : dont le Soleil levant
violet, le Maron épineux, le *Concha
veneris*, le Cœur de bœuf tuillé, &c.

230 Quatorze Coquilles de choix, Cœurs,
Cames, &c., dont le cœur de Vénus

en bateau , le Bec de flûte , la Poulette
liffe blanche , la Fraife , &c.

231 Un Ourfin beignet , que toutes fes
pointes bien confervées rendent comme
velouté; deux Arlequines, & cinq Tellines Soleil levant.

232 Douze Ourfins turbans miliaires , &c.
& trois pointes d'Ourfin épineufes, panachées de rouge fur un fond blanc ,
très-rares.

Dans la Table.

233 Environ quarante Ourfins, dont cinq
pas de poulain ; deux Beignets , deux
grands Ourfins à baguettes, trois Ourfins
miliaires garnis de leurs pointes , & un
Ofcabrion.

Dans la Table.

234 Dix Oreilles de mer , dont deux très-
grandes de la mer du Sud (une d'elles
eft endommagée), une oreille dépouillée
jufqu'à la nacre , & quatre-vingt-cinq
Lépas , Cabochon, Trous de ferrure ,
Lépas de Magellan & autres.

Dans la Table.

235 Un grand Nautile chambré, trois petits
Nautiles papiracés , & feize Vermicu-

laires , tels que Tirrebouchons , Dentale
verd , & autres.

Dans la Table.

236 Environ soixante Limas , dont deux
Burgaux dépouillés ; un avec sa peau ,
des Veuves , un Dauphin , une Cantaride ,
un Bouton de camisole , des Bouches
doubles , des Lampes antiques , des
Frippières & autres.

Dans la Table.

237 Quatre-vingt Buccins & Vis , dont le
Télescope , la Grimace , quatre Mitres ,
un Buccin feuilleté , des Tulipes , quatre
Cordelières & autres.

Dans la Table.

238 Soixante-dix Tonnes & Rochers , dont
la Figue , des Conques persiques , des
Harpes , dont celle *dite* couleur de rose ,
deux Oublis , un Taffetas , deux Ivoires ,
deux Licornes & autres.

Dans la Table.

239 Cent Rouleaux , Cornets , & Olives ;
dont plusieurs Draps d'or , un Esplan-
dian , des Damiers , des Tigres , Spécu-
lations , Olives de Panama , &c.

(38)

Dans la Table.

240 Cent Porcelaines, dont l'Œuf, le Café
au lait, l'Arlequine, le Crapaud, des
Porcelaines tigrées & autres.

Dans la Table.

241 Quatre-vingt Rochers & Casques, dont
le Lard, le Casque pavé, l'Oreille de
cochon, le Bois veiné, & autres.

Dans la Table.

242 Cinquante Pourpres & Rochers, tels
que Scorpions, Araignées, Chevaux de
frise, Têtes de Bécasse, Massues d'Her-
cule, dont celle à trois rangs de pointes;
trois grandes Pourpres, couleur de rose,
& autres.

Dans la Table.

243 Quarante-deux Coquilles, tels que
Casques, Conques de Triton, Tonnes,
Pourpres, Couronnes d'Ethiopie, de
grand volume; Tonne avec Bernard
l'hermite. — Plus, dix-huit petits Buccins noirs, épineux, fluviatils.

Dans la Table.

244 Deux grandes Pholades, une Moule

d'étang, deux Jambons, & trente Moules
de choix, vertes, violettes, de kinéa &
autres; la plupart dépouillées & polies.

Dans la Table.

245 Cent quarante Coquilles, Tuillées,
Fraifes, Marons épineux, Poulettes,
Concha veneris, Tellines & Cames,
dépouillées & polies, d'un joli choix.

Dans la Table.

246 Cent Peignes d'un beau choix, dont la
Coralline, le Manteau ducal, la Bourfe,
le Bénitier, &c.

Dans la Table.

247 Vingt Huitres épineufes d'Amérique,
de Malte, dont une chargée d'Huitres
griphites; deux Huitres plattes de Chine,
qui leur fervent de vitraux; des Pintades,
des Oifeaux, des Manches de couteau,
trois Pelures d'oignon & un grand Marteau (en tout plus de foixante Coquilles).
Plus, un paquet de Manches de couteau.

248 Deux grandes Tuillées, une Conque de
triton, une Coquille *dite* l'Araignée,
fur laquelle eft grouppé un Madrépore.
Plus, deux Guépiers cartonneux.

492 Un lot de Coquilles brutes, dont un

C 4

Bélier, une Huître épineuse violette de
Malte, &c.

250 Vingt-quatre Coquilles, dont deux Bé-
liers ; une boëte contenant un grand
nombre de petites Coquilles, Porcelaines, Olives, Vis, &c. Plus, une
boëte contenant onze Buccins terrestres
(de ceux qui étant polis, donnent le
Buccin couleur de rose).

251 Trente Coquilles, dont le Buccin de
Cayenne ; une Huître épineuse de Malte.
Plus, quinze Escarres pierreuses, du
genre des Rétépores, & Manchettes de
Neptune.

252 Neuf grosses Coquilles, Lambis, Casques, Tuillées & autres.

253 Dix grosses Coquilles, Lambis, Casques,
Tuillées & autres.

254 Onze grosses Coquilles, telles que
Casques, Conques de triton, Lambis,
&c., & une Callebasse ou Couis, à
l'usage des nègres.

255 Deux boëtes remplies de Coquilles,
Cadran, Bécasse, &c.

256 Quatre boëtes remplies de Coquilles,
dont un Marteau, une Cuisse, &c. Plus,
une boëte remplie de fragmens de
Madrépores.

257 Quatre boëtes remplies de diverses
Coquilles brutes, Ourfins, &c.

258 Quatre boëtes, remplies de diverses
Coquilles.

259 Cinq boëtes contenant environ cinquante
Coquilles , dont une Pourpre ; une
Conque de triton , &c.

260 Six boëtes remplies de Coquilles, Ma-
rines, Foffiles , Bocaux de verre, Fla-
cons , &c.

261 Une boëte remplie de petites Coquilles,
Porcelaines , Nérites , &c.

262 Environ cent cinquante Coquilles très-
petites & de choix , dont deux efpéces
de *Cedo nulli.*

263 Une corbeille remplie d'une très-grande
quantité de petites Coquilles , Porcelaines , &c.

VÉGÉTAUX.

264 Plufieurs productions du règne végétal ,
telles que bois , fruits , graines , & feuilles
étrangères ; quelques nids d'Oifeaux
formés de Végétaux , &c.

265 Un Herbier de vingt-quatre Plantes
arabes , parfaitement confervées , avec
les noms en arabe & en français.

« On croit que ce font les originaux

» de Plantes, gravées pour un Ouvrage
» sur l'Arabie ».

266 Un morceau & deux paires de Manchettes de bois dentelle de la Havanne ;
trois Livres Malabares , écrits sur des
roseaux ; du Papier du Pégu , deux
pièces d'Etoffes tissues en écorce d'arbre ,
& deux Cahiers manuscrits , contenant
les alphabets des langues de l'Inde , &
principalement de celle du Pégu.

267 Un Coco des Maldives , & deux Cocos
triangulaires.

268 Un Coco triangulaire , & deux Cocos
des Maldives.

269 Deux Cocos des Maldives , dont un à
trois lobes ; & deux Œufs d'Autruche.

MINÉRAUX.

Jaspes , Agates , &c.

270 Un gros morceau brut de Lapis bleu &
blanc , une Géode d'Albâtre vitreux
violet & blanc ; la couleur violette forme
autour de la pierre des rubans très-
agréables.

271 Un gros Bloc d'albâtre , à zônes con-
centriques , poli sur plusieurs de ses
faces. Ce morceau mérite d'être remarqué.

272 Un Bloc de Jaspe de Sicile jaune &
verd, poli sur une de ses faces; un
Feld-spath blanchâtre, transparent, poli;
une grande Plaque d'agate orientale, &
deux Plaques de mine de cinabre, polies.

273 Quatre Cadres renfermant sous verre
cent cinquante Plaques de différens cailloux, agates, marbres, dents molaires
d'Eléphant, &c.

274 Vingt Plaques choisies de divers cailloux, porphires, granits, mines de
cinabre, cailloux astroïtes, &c.

275 Un lot de diverses Pièces d'agate, dont
huit Cuvettes; quatre colonnes, un Œuf.
Le tout varié de couleur.

276 Huit Blocs de Cailloux polis sur une de
leur faces, dont un Bois agatiffié, un
Jaspe sanguin, un Marbre madréporite,
& un Cristal de roche, de Madagascar.

277 Un lot de neuf Plaques de Jaspes & Cailloux polis, dont un Jaspe de Sibérie
à bandes brunes & vertes; cinq Plaques
de Cailloux d'Egypte, dans l'une des-
quelles on remarque une Tête d'homme
bien dessinée. Plus, un autre lot de quatre
Plaques d'albâtre d'Espagne, deux morceaux de Cailloux micacés rouges, dits
Avanturine naturelle, &c.

278 Un lot de seize Plaques polies ; savoir :
une de Mine d'argent vierge dans un
quartz ; trois d'Agate d'Allemagne , en
cuvettes ; deux rondes d'Agate lilas clair ,
piquetées de rouge ; trois d'Agate orientale , & autres.

279 Neuf Blocs de Cailloux , la plupart polis
sur une face , dont un de marbre orthocératite , un Jaspe de Sibérie , &c.

280 Quatorze Blocs de Cailloux & Agates ,
polis sur une de leurs faces , dont un
Pouding , bois agatisé ; ardoise avec
empreinte de fougère ; arborisation sur
argile , &c.

281 Un Lot de vingt-quatre Plaques &
Echantillons d'Agate.

282 Un Lot de trente Plaques & Echantillons de divers Jaspes , Agates ,
Albâtres , &c.

CRISTALLISATIONS.

283 Deux moitiés de Géode d'Agate remplies
de cristaux d'améthiste de la plus belle
couleur , entre lesquelles se trouvent
engagés des Cristaux de Spath calcaire
blanc.

(45)

Un morceau de bois de Palmier aga-
tisisé, poli sur une de ses faces.

Un morceau de Spath calcaire ma-
melonné, d'un blanc éclatant, connu
sous le nom de *Flos ferri.*

Un morceau de Spath fluor cubique
violet, de la plus riche couleur, mêlé
de quartz blanc.

Un morceau de Cristal de roche,
taillé en poire, rempli intérieurement
de Cristaux de schorl, aussi déliés que
des cheveux.

284 Spath cristallisé en dent de cochon,
recouvert de pyrites cristallisées, gorge
de pigeon, très-éclatantes.

Spath calcaire en crêtes de coq blanches, disposées en roses, sur la pyrite
& le quartz.

Très-gros Cristaux de Spath calcaire,
d'un blanc tirant sur le violet, sur une
gangue de quartz très-brillant, dont les
Cristaux percent le Spath.

285 Six morceaux choisis de Cristallisation;
savoir : un Spath calcaire blanc, en
filets déliés, connu sous le nom de *Flos
ferri.*

Une Cristallisation quartzeuse, en
lames parsemées de pyrites.

Un Grouppe de canons de criftal de roche, tirant fur le violet, du Comté de Derby.

Un Grouppe de Criftaux de quartz-druzen blanc, auquel adhèrent deux Faifceaux de Criftaux de Spath calcaire, blanc, piramidal.

Un Plateau de quartz-druzen, de la plus agréable couleur d'amétifte.

Un Grouppe de gros Criftaux de Spath pefant, en tables rhomboidales.

MINES.

OR.

286 Un morceau de Mine d'or vierge, dans le quartz blanc, du Pérou.

287 Un morceau de Mine d'or vierge, pareil au précédent.

288 Platine en grains dans un flacon, & deux morceaux de Mine d'or vierge, dans le quartz, du Pérou.

ARGENT.

289 Argent natif criftallifé en octaëdres, & difpofé en feuilles de fougère, du Pérou.

290 Cinq morceaux de Mine d'argent vierge, en dendrites, du Pérou; un morceau

d'Argent vierge avec galême; un morceau d'Argent natif en filets, & un petit Chien, d'argent de Pigne, du Pérou.

291 Mine d'argent grife criftallifée, gorge de pigeon, dans un Spath pefant blanc. Plus, deux morceaux de Cinabre criftallifé d'Almaden; un morceau de mercure coulant, avec Cinabre criftallifé, fur une gangue quartzeufe, numéroté fur le morceau 517.

ÉTAIN.

292 Un très-beau Grouppe de gros criftaux d'Etain, fans gangue; d'Allemagne, numérotée fur le morceau 251.

Nota. Les numéros indiqués dans le courant des articles, font toujours ceux collés fur le morceau.

Mine d'étain avec quartz criftallifé, de Joachimftal.

PLOMB.

293 Criftaux de plomb blanc, recouvert d'une vapeur de foie de foufre, du Hartz; numéro 174.

Plomb blanc en aiguilles, & galène à petites facettes du pays de Bergues; numéro 172.

Superbe morceau de Galêne en décomposition , avec criftaux de plomb
blanc tranfparent, de Gueroffeg ; numéro 152.

Un fuperbe morceau de Mine de
plomb blanche, en gros criftaux , de
Bretagne ; numéro 165.

294 Très-beau morceau de Mine de plomb
blanche en criftaux déliés , peu faillans,
entaffés les uns fur les autres ; de Bretagne.

295 Un beau morceau de Mine de plomb
verte , du Brifgaw , fous une cloche
de verre.

296 Un joli morceau de Mine de plomb
verte criftallifée , du Brifgaw.

Un morceau de Mine de plomb verte,
en criftaux ifolés fur une gangue ferrugineufe, de la Croix.

C U I V R E.

297 Un fuperbe morceau de Mine de cuivre
foyeufe , verte , en dendrites , de la
Chine.

298 Cuivre rouge criftallifé avec verd de
montagne & cuivre natif , de Sibérie ;
numéro 447.

Grès

Grès ferrugineux avec mamelons de cuivre bleu, numéro 464.

299 Un riche morceau très pefant de Mine de cuivre vierge criftallifé en partie ; un morceau de cuivre natif, tiré par cémentation des Mines de Neufon ; num. 346.

Deux très-beaux morceaux de Mine de cuivre gorge de pigeon, d'auprès de Cologne ; numéro 378.

300 Trois morceaux de Malaquite, dont un avec azur de cuivre, de Molina d'Arragon.

F E R.

301 Un très-beau morceau de Mine de fer fpéculaire criftallifé, de la plus vive couleur de gorge de pigeon, de Framont.

302 Un fuperbe morceau de Mine de fer fpéculaire, dont les criftaux font d'une couleur bleue très-vive, de Framont.

303 Un riche morceau de Mine de fer fpathique, dont les criftaux font d'une couleur d'or très-brillante.

Mine de fer limoneufe, dans laquelle on remarque une colonne d'eutroques ayant la forme d'une vis & détachée du fond du morceau auquel elle adhère seulement par ses extrémités.

Un morceau de Mine de fer spéculaire cristallisée, en prisme à six pans; un morceau de Mine de fer spathique cristallisée, avec blende & cristaux de quartz.

Un morceau d'hæmatite en stalactite, recouvert en partie de cristaux très-brillans, de fer spathique.

Un morceau de Mine de fer, de l'île d'Elbe, d'une riche couleur de gorge de pigeon.

304 Deux gros morceaux de Mine de fer hæmatite, dont un en rognon, l'autre en aiguilles.

305 Sept morceaux de Mine de fer, de la plus grande beauté, tant pour les couleurs, que pour la régularité des cristaux & leur variété; de l'île d'Elbe.

306 Six morceaux choisis de Mine de fer, de l'île d'Elbe, qui ne cèdent en rien aux précédens.

307 Six très-beaux morceaux de Mine de fer, de l'île d'Elbe.

308 Cinq morceaux du premier choix, de Mine de fer, de l'île d'Elbe.

309 Quatre très-beaux morceaux de la même
Mine.

310 Huit morceaux choisis de Mine de fer,
de l'île d'Elbe.

311 Huit morceaux de la même Mine , aussi
très-beaux.

312 Dix petits morceaux de Mine de fer,
de l'île d'Elbe , remarquables par leur
variété & leur beauté.

313 Dix morceaux de la même Mine.

314 Quinze morceaux de la même Mine.

315 Dix-sept petits morceaux de la même
Mine, parmi lesquels on a réuni presque
toutes les variétés des articles précédens.

MERCURE.

316 Un morceau très-précieux de Mine de
cinabre, dans lequel on remarque un
cristal parfaitement régulier , & gros
comme un pois d'amalgame naturel ,
du Palatinat.

ANTIMOINE.

317 Un riche morceau d'Antimoine , en
aiguilles disposées en étoiles , sur de
gros cristaux en tables rhomboïdales
de spath pesant.

318 Mine d'Antimoine noire, en longues
aiguilles brillantes, de Kremnitz.

319 Un morceau de Mine d'Antimoine, pareil
au précédent.

320 Un morceau de la même Mine.

321 Deux morceaux de Mine d'Antimoine
spéculaire en cristaux confus, recouverts
de soufre doré d'Antimoine, de Toscane.

SOUFRES ET BITUMES.

322 Une grande & belle Géode, tapissée
de cristaux réguliers de Soufre jaune,
transparent, d'Espagne.

323 De morceaux de Soufre cristallisé, avec
cristaux de sélénite, de la soufrière de
la Dominique, à côté de la fontaine
bouillante.

    Portion d'une Géode avec Soufre
cristallisé, des environs de Cadix.

    Réalgar natif, numéro 582.

    Roche quartzeuse, recouverte de cris-
taux de sélénite très-brillans.

324 Trois variétés de Cristaux de Basalte,
noir.

    Une Roche imprégnée de poix miné-
rale, avec Calcédoine en cristaux & en
gouttes, d'Auvergne.

Un gros morceau, qui paroît être d'Ambre jaune.

Un morceau de Jayet, dont on a poli une portion pour indiquer le parti que les Arts peuvent en tirer.

Et huit morceaux d'Ambre, & de Gomme copal, contenant des Insectes.

MINES VARIÉES.

325 Blende cristallisée avec spath lenticulaire; Cristaux de blende brillans, semés sur un quartz-druzen blanc très éclatant.

Un morceau de Calamine, blanche cristallisée.

Un morceau de Galêne, avec cristaux pyriteux disposés en barbe de plume, & cristaux de spath cubique.

Galêne striée d'un grain très-fin, recouverte en partie de calcédoine.

Galêne cubique, tronquée sur les angles.

Plomb spathique violet, en aiguilles capillaires de Bretagne.

326 Quatre morceaux de Mine de fer spéculaire, de vives couleurs; un petit morceau de Mine de fer limoneuse, recouvert de fer spathique, &c. : en tout, six morceaux.

D 3

327 Un Grouppe de criſtaux d'argent rouge
très-régulier , tranſparent , ſans gangue ,
de Sainte-Marie.

Portion de Géode tapiſſée de criſtaux
de plomb blanc.

Joli petit morceau , où l'on remarque
le Plomb verd , le Plomb blanc en
aiguilles très-déliées , l'Ocre , l'Hæmatite
& le Cuivre verd , dans l'empreinte d'un
cube de Galène ; du Hartz , num. 189.

Deux petits morceaux de Mine de
plomb , en criſtaux capillaires violets ,
de Poullavoen.

Autre de Plomb ſpathique , dont les
criſtaux , diſpoſés en bouquets , ſont
incruſtés d'argile ; du Hartz , num. 184.

328 Douze morceaux choiſis , de Mine ,
Nᵒˢ.   S A V O I R :

195 Galène à facettes moyennes.

508 Antimoine en maſſe , de Kremnitz.

489 Jaſpe rouge avec Galène , Blende ,
& pyrites aurifères ; de Hongrie.

125 Hæmatite.

96 Fer baſaltique , ou wolfram.

215 Gros morceau de Galène , avec la
Blende aurifère , de Hongrie.

251 Très-beau Grouppe de gros criſtaux d'étain ; d'Allemagne.

331 Mine d'étain cuivreuſe, de Tranſilvanie.

252 Morceau formé de petits grenats
& de ſpath calcaire, du Véſuve.
Et trois morceaux de Cinabre criſtalliſé, dont un avec Mercure
coulant.

329 Neuf morceaux de Mine, ſavoir :

Mine de plomb de Peſai, en Savoie,
près du Mont-Bernard, donnant ſoixante
à ſoixante-dix livres de plomb par quintal, & cinq à ſix onces d'argent; n°. 144.

Un morceau de Galène, à petits grains
brillans, riche en argent.

Deux morceaux de Mine de fer ſpathique criſtalliſés.

Un morceau de Plomb blanc, avec
Plomb jaune, de Bretagne.

Hyacintes de trois couleurs, avec le
mica & le ſpath calcaire, du Véſuve;
numéro 263.

Très-beau Grouppe de criſtaux d'étain,
de Cornouailles ; numéro 250.

Etain blanc, de Schlaggenwald; numéro 269.

330 Un lot intéreſſant de Minéraux choiſis,
ſavoir :

Deux Grès criſtalliſés, de Fontainebleau ; un morceau de Molybdène ; un d'Orpiment natif, un de Cristaux de roche, bruns ; un de Cristaux de Tourmaline, épars dans une Stéatite ; deux variétés de Schorl, des Macles, &c.

331 Seize morceaux de Mine de fer, cuivre, pyrites, & autres.

332 Dix-huit gros morceaux de Mine de différens métaux, dont trois de plomb blanc.

333 Six morceaux de Mines d'Espagne, telles que Fer, Cuivre, Blende & autres ; étiquetés ; deux gros morceaux de Cuivre rosette, & un lot d'Agates arborisées, seulement dégrossies ; d'Allemagne.

334 Un lot de Mines de Cuivre, de St.-Bel, & de Chessy ; & plusieurs gros morceaux de diverses Mines ; trois Boëtes remplies d'échantillons de Mines, parmi lesquels se trouve du Cinabre naturel très-beau, que les Chinois employent pour couleur ; des Macles, &c.

335 Environ soixante échantillons de Minéraux, Fer de l'île d'Elbe, Jaspes, Marbres, &c.

336 Différens échantillons de Jaspe, Amiante & autres objets de Minéralogie.

Dans la Table.

337 Soixante-dix-sept morceaux de Mines de
Nᵒˢ. Fer;   SAVOIR:

168 Hæmatite en Stalactite, de Cologne, près Arensberg.

97 Fer Micacé; d'Allemagne.

99 Fer noir; de la province d'Upland.

94 Fer noir avec Pyrites cuivreuses;
de la province d'Alarne.

126 Belle Géode d'Hæmatite.

137 Fer dit Wolfranc de Schlaggenwald

138 *Idem.*

149 *Idem.*

376 Mine de Fer des environs d'Au-
rillac.

121 Hæmatite d'Angleterre.

119 Mine de Fer noir de Suède.

128 129 Mine de Fer noir, avec Pyrites; de Gottergab.

133 134 Mine de Fer en roche avec
filon de Fer micacé & de Pyrites,
d'Allemagne.

122 Hæmatite d'Angleterre.

91 Mine de Fer de l'île d'Elbe.

459 460 Hæmatite du duché des deux
Ponts.

105 Hæmatite d'Allemagne.

116 Hœmatite de Bendorf, Nassau, de
Weilbourg.
117 *Idem.*
98 Fer micacé.
108 Hœmatite striée.
130 Mine de Fer avec Schol verd ; de
Gottergab.
167 Hœmatite recouvrant une stalactite
de quartz; du Sain, pays de Trèves.
92 Mine de Fer Eysenram.
502 Fer en grenailles.
118 Fer formé sur une stalactite caver-
neuse de substance calcaire.
135 136 Fer micacé ; de Gottergab.
113 Hœmatite en stalactite ; de Bendorf.
103 Fer micacé dans le Schist.
110 Beau morceau d'Hœmatite ; d'Allemagne.
114 Fer avec la Pyrite Aurifère , dans
le quartz ; d'Allemagne.
536 Fer Hépatique.
541 Hœmatite informe.
115 Fer avec la Pyrite & le Schist de
la province d'Alarne.
106 Beau morceau d'Hœmatite colorée.
100 Fer micacé de Vermeland.
501 Fer en petites lames, sur des cristaux de quartz du Valdajol.

375 Terre ferrugineuse de St.-Flour.

93 Fer noir micacé de Persberg, province de Vermeland.

123 Hæmatite en décomposition , de Liége.

102 Fer micacé d'Allemagne.

131 Fer micacé avec Schorl verd ; de Gottergab.

95 Fer spéculaire dans le Spath Calcaire, de Gellivara dans le Lapland.

169 Hæmatite mamelonnée.

124 Hæmatite du pays de Liége.

127 Hæmatite du Dauphiné.

245 Hæmatite ou Sanguine.

11 Fer Spathique , dont la superficie est cristallisée & recouverte de cristaux de Spath ; on y voit aussi des grains de Mine d'argent & de cuivre , du quartz & du Schist.

— Mine de Fer spéculaire.

— Mine de Fer Spathique rouge & blanche.

32 Roche quartzeuse, recouverte d'efflorescence ferrugineuse.

8 Fer Spathique lenticulaire , dans du Spath & recouvert de petits cristaux de roche ; de Baïgori.

— Hæmatite.

— Fer de l'île d'Elbe coloré.

16 Mine de Fer avec Spath lenticulaire.

10 Mine de Fer en lames brillantes de l'île d'Elbe.

801 Hæmatite en décompoſition.

18 Fer Spathique criſtalliſé avec Spath calcaire.

781 Hæmatite en cloiſon légère.

802 Mine de Fer hépatique.

24 Fer de Gallet rendant 80 livres de fer ductile, au quintal, & autres.

Dans la Table.

338 Cent-vingt morceaux de Mine de Plomb, ſavoir :

203 Galêne de Breſſieux.

204 *Idem.*

212 Galêne de Tanergand.

154 Galêne de Bretagne.

158 Galêne de Bretagne avec le Feld-spath & la Pyrite.

220 Galêne avec Pyrites & Blende de Breiſlalde.

227 Maſſe calcaire & Vitreſcible, ou on remarque la Blende, la Pyrite & la Galêne.

206 Gros morceau de Galêne à grandes faces.

229 Filon de Galêne, Blende & Pyrites dans le quartz.

216 Blende, Galêne & Pyrites dans le
quartz.

228 Filon de Galêne, Blende & Pyrites, dans le quartz.

164 Scories de Plomb de Bretagne,
ou fe trouvent tous les métaux qui
y étoient mêlés.

194 Quartz criftallifé, Pyrites, Blende,
& Galêne dans la pierre argilleufe

211 Filon de Galêne, Blende & Pyrites.

146 Galêne à grande faces.

188 Beau cube de Galêne, avec la
Blende & la Pyrite en décompofition.

205 Galêne.

234 Galênes à grandes faces.

223 Galêne couverte de petites Pyrites.

213 Galêne de Hemerebach.

242 Galêne.

244 Beau morceau de Galêne, ou on
remarque le plomb blanc, & le
plomb rouge en mamelons, dans
le Spath Séléniteux décompofé,
de Guiérolfeg.

155 Galêne avec Plomb blanc, de
Bretagne.

192 Plomb noir en stalactite, de Bretagne.

233 Galéne à grandes facettes.

177 Mine de Plomb blanche, du Hatz.

179 Plomb blanc en fines aiguilles, sur
le Plomb noir, du Hartz.

148 Plomb blanc ; de Bieslad.

235 Galéne avec Pyrites, de Schlaggenwald.

226 Carte contenant des aiguilles de
Plomb blanc, d'Oben.

149 Plomb de Bretagne en prismes He-
xagones presqu'entiérement dé-
composéen Plomb rougeâtre.

240 Galéne.

180 Morceau, où on remarque la Galéne & le Plomb blanc, recouvert
d'une vapeur de Fer, du Hartz.

224 Plomb blanc, du Hartz.

225 *Idem.*

187 Plomb blanc sur la Galéne.

156 Morceau de Plomb noir de Bretagne, où se trouve le Plomb
rouge & le Plomb blanc.

463 Très-beau morceau, où l'on voit
la décomposition de la Galéne en
Plomb blanc, de Guerols[illegible]g.

238 Galéne à grandes faces.

564 Plomb blanc dans le ſpath ſéléni-
teux , de Gueroldſeg.

143 Morceau de Plomb vert en mamelons , où l'on remarque encore la
Galêne & les empreintes qu'elle
a laiſſé en ſe décompoſant.

152 Plomb blanc de Bretagne , qui a
conſervé la criſtalliſation hexa-
gone.

160 Pyrites en ſtalactite , recouvertes
de Plomb noir , de Bretagne.

207 Galêne de Breiſladle.

178 Galêne ſtriée recouverte d'une
Stalactite de quartz.

239 Galêne.

182 Plomb verd antique , de Fribourg
en Briſgaw.

200 Mine de Plomb blanc & verd ſur
Galêne.

193 Plomb blanc & Cuivre verd , avec
des empreintes de cubes de Galêne.

241 Galêne.

208 Galêne en décompoſition.

214 Filon de Galêne colorée.

197 Galêne ſtriée avec la Pyrite.

199 Galêne de Breiſladle.

198 Mine de Plomb tenant argent ;
d'Albrouck.

196 Galène colorée, du comté de Dun-
kel.

185 Morceau de Plomb jaune criſtalliſé.

186 Joli morceau où on remarque le
Plomb blanc en aiguilles très-déliées, & le verd de Cuivre.

190 Plomb blanc avec le verd de Cuivre.

181 Gangue quartzeuſe & ferrugineuſe
attirable à l'aimant, chargée de
criſtaux de Plomb du plus beau
rouge ; de Sibérie.

183 Morceau où on remarque la Galène, les empreintes, de celle qui
s'eſt décompoſée, tapiſſées de
Plomb blanc, d'Hæmatite, d'Ocre
& de verd de Cuivre.

157 Plomb de Bretagne en priſmes he-
xagones.

231 Galène avec le quartz criſtalliſé.

161 Plomb noir de Bretagne, recouvert de Pyrites.

217 Galène chargée de Pyrites arſeni-
cales en petits criſtaux dans la pierre
ollaire.

151 Galène avec Spath vitreux cubique.

230 Galène & Pyrites de Tanergand.

209

209 *Minera plumbi cubica e comitatu Berbiensi.*

106 Galêne de Transilvanie.

219 Galêne colorée de Breisladle.

236 Galêne striée avec Pyrites & Blende.

210 Galêne avec spath vitreux.

201 Galêne en décomposition.

218 Galêne chargée de Pyrites cristallisées, de Breisladle.

175 Morceau poli, où l'on remarque la Pyrite, la Galêne & le Spath calcaire par couches alternatives, de Goeslard.

166 Plomb de Bretagne en gros prismes Héxagones, & autres.

ETAIN ET PYRITES.

339   *Dans la Table.*

515 Etain de Transilvanie, dans le Schist.

267 Cristaux d'Etain dans le Schist de Blatten.

534 Espèce de Granite, dans lequel on distingue des Grenats, du Schorl, du quartz & du spath, du Vésuve.

263 Cristaux d'Etain dans le schist quartzeux, de Blatten.

E

255 Hyacinthes , Grenats & Spath calcaire ; du Véſuve.

264 Morceau d'Hyacinthe, Mica, Grenats, & Spath calcaire ; du Veſuve.

546 Etain de Tranſilvanie; dans le ſchiſt.

371 Cuivre & Blende dans le quartz ;
de Catanaberg.

528 Petit morceau de mine d'Etain ſolide ; de Cornouailles.

530 *Idem*.

259 Morceau de Grenats , Hyacintes ,
Mica , du Véſuve.

552 Etain dans une eſpèce de pierre ollaire ; de Tranſilvanie.

271 Etain avec le quartz ; de Schlaggenwald.

276 Etain avec le quartz criſtalliſé ; du
même endroit.

274 Etain , avec le quartz & la Pyrite
du même endroit.

277 *Idem*.

249 Hyacinthes , Schorl noir , & Mica
dans une eſpèce de grès formé de
petits grenats ; du Véſuve.

270 Etain avec le quartz , de Schlaggenwald.

273 Etain en petits criſtaux mélangés de
quartz , de Tranſilvanie.

266 Criſtaux d'Etain dans le grès.

529 Etain ſolide ; de Cornouailles.

253 Morceau compoſé d'Hyacintes, &
de Grenats, du Véſuve.

272 Etain en petits criſtaux mêlangés
de quartz ; de Tranſilvanie.

254 Grenats, Schorl noir, & Mica du
Véſuve.

257 Hyacintes, Schorl noir dans un
ſchiſt micacé ; du Véſuve.

262 Schorl noir, & Mica dans une
pierre calcaire ; du Véſuve.

261 Schiſt compoſé de Mica, de petits
Grenats, & de Schorl ; du Véſuve.

260 Hyacintes, Schorl noir, Grenats,
& Mica dans un ſchiſt ; du Véſuve.

537 Hyacinthes, ſchorl noir dans une
pierre formée de petits grenats ; du
Véſuve.

540 Hyacintes & Mica dans une gangue
de grenats ; du Véſuve.

256 Hyacinthes, Grenats, Schorl noir,
& Mica dans le ſpath calcaire ; du
Véſuve.

265 Spath calcaire, Mica & petits Grenats, dans une gangue en partie
vitreſcible, & en partie calcaire ;
du Véſuve.

E 2

275 Etain avec le quartz & la Pyrite ;
de Schlaggenwald.

247 Morceau composé de Schorl noir,
de Mica , de Grenats, & de Spath
calcaire ; du Vésuve.

258 *Idem.*

439 Grouppe de Pyrites fur le quartz.

441 Pyrites en criflaux cubiques ; dans
la pierre argileufe grife ; de Chatelaudren.

407 Pyrites cubiques, dans la pierre
Ollaire.

429 Pyrites avec le Fer; de l'île d'Elbe.

403 Pyrites cubiques decompofées en
Fer Hépatique.

389 Pyrites en criflallifation irrégulière
fur la Galène & le quartz.

445 Pyrites avec Galène & quartz ; de
la Mine morte de Chatelaudren.

415 Pyrites bien colorées.

421 Pyrites martiales de Maymont.

413 Pyrites en petits criflaux , fur le
Feldfpath ; du Hartz.

425 Pyrites cubiques dans le quartz ; de
Schlaggenwald.

424 Pyrites dans le quartz.

428 Fragment d'un gros criflal de Pyrites dodécaèdres.

439 Joli grouppe de Pyrites en crêtes
de Coques, dans le quartz; de
Liembourg.

391 Beau grouppe de Pyrites, sur le
Spath calcaire.

417 Pyrites en cubes tronqués.

405 Pyrites en très-petits criſtaux sur la
pierre calcaire.

419 Pyrites en cubes tronqués.

402 Pyrites cubiques décompoſées en
Fer hépatique.

412 Pyrites en petits criſtaux sur le
Feldſpath.

396 Pyrites avec Blende, sur le quartz
criſtalliſé.

442 Pyrites en petits criſtaux sur Blende,
de Châtelaudren.

434 Grouppe de Pyrites dodécaëdres.

443 Pyrites avec Galêne, dans l'Argile;
de Chatelaudren.

445 Pyrites avec Galêne & quartz; de
la Mine morte de Chatelaudren.

395 Joli grouppe de Pyrites sur le
quartz criſtalliſé.

390 Grouppe de Pyrites cuivrenſes &
martiales, criſtalliſées, sur quartz
& blende.

438 Grouppe de Pyrites avec la Ga

lêne , dans le quartz; de la Mo-
selle.

406 Pyrites en très-petites criſtaux bien
colorés , ſur le Spath calcaire rom-
boïdale.

388 Pyrites martiales globuleuſes.

444 Pyrites avec Blende ; de Châtelaudren.

457 Pyrites cuivreuſes criſtalliſées ,
avec quartz; de Saxe.

433 Pyrites dodécaëdres en gros criſtaux.

387 Pyrites martiales ; d'Angleterre.

397 Pyrites avec la terre martiale.

440 Pyrites martiales grouppées en
petits criſtaux cubiques ; de Ca-
ferbrog , pays de Liège.

411 Pyrites informes.

555 Grouppe de Pyrites en cubes , ſur
le quartz criſtaliſé & la Blende ; de
Tranſilvanie.

432 Pyrites avec la Galêne.

392 Pyrites cuivreuſes , dans le quartz.

426 Pyrites cuivreuſes en maſſe.

414 Pyrites avec le Spath calcaire.

408 Pyrites & argent vitreux , dans le
quartz criſtalliſé.

423 Pyrites criſtaliſées en maſſe.

416 Pyrites en cubes tronqués.

436 Pyrites avec la Galène, dans le
quartz.

386 Pyrites martiales, globuleuses.

394 Pyrites en maffe informe.

458 Pyrites dans l'Argile, en tout 100
morceaux.

Dans la Table.

C U I V R E.

340 Cent vingt-cinq morceaux, favoir :

305 Mine de cuivre Pyriteufe, mêlée
de quartz ; de Saint-Bel.

306 Mine de Cuivre jaune dans le
quartz ; de Saint-Bel.

313 Cuivre gris dans la pierre ollaire ;
de Chevinac.

384 Cuivre jaune dans une pierre ferrugineufe.

322 Mine de Cuivre jaune, compacte,
dans le quartz.

377 Mine de Cuivre noir ; de Cuffé.

336 Cuivre jaune, avec Galène &
Mica, dans la pierre ollaire.

334 Mine de Cuivre grife, rouge &
noire ; de Tranfilvanie.

356 Cuivre rouge & jaune.

342 Cuivre chatoyant, dans la pierre

ollaire , de Moſtamberg , province
d'Alarne.

340 Pyrites cuivreuſes , de la province
d'Alarne.

328 Cuivre chatoyant , avec la Galêne,
dans le quartz.

287 Mine de Cuivre jaune , de Cheſſi.

288 *Idem.*

345 Cuivre chatoyant , dans le quartz.

321 Mine de Cuivre jaune & chatoyant,
dans le Feldſpath.

303 Mine de Cuivre verd & jaune ,
avec la Blende, dans le quartz.

454 Cuivre chatoyant , avec le quartz ;
de Sibérie.

309 Mine de Cuivre jaune , dans la
pierre ollaire ; de Chevinac.

320 Mine de Cuivre jaune , dans le
Schiſt; de St.-Bel.

370 Cuivre jaune dans le quartz.

373 Cuivre jaune & Blende , dans le
quartz.

314 Mine de Cuivre jaune & griſe, colorée , dans le quartz ; de St.-Bel.

455 Cuivre chatoyant , dans le quartz ;
de Sibérie.

284 Mine de Cuivre jaune , avec Galêne, dans le quartz ; de Cheſſi.

328 Cuivre chatoyant, avec la Galène,
dans le quartz.

358 Cuivre jaune, avec la Pyrite arse-
nicale & le quartz; de Schlahggen-
wald.

298 Mine de Cuivre grise, compacte.

316 Mine de Cuivre jaune, avec la
Blende; de St.-Bel.

302 Mine de Cuivre grise & jaune.

315 Mine de Cuivre, gorge de pigeon;
de Bressieux.

360 Cuivre chatoyant; de Hongrie.

369 Riche morceau de Mine de Cuivre
grise, dans le Feldspath.

283 Petit morceau de Cuivre verd.

341 Pyrites cuivreuses, avec Galène.

365 Cuivre rouge & gris de Schlaggenwald.

343 Cuivre jaune, Galène, Blende,
& Argent vitreux, dans le quartz
cristallisé.

531 Cuivre natif.

285 Cuivre jaune; de Chessi.

282 *Idem.*

333 Mine de Cuivre natif, dans le
Feldspath; de Transilvanie.

453 Cuivre & malachite, avec le Fer à
l'état d'aimant; de Sibérie.

300 Mine de Cuivre jaune, avec la Blende.

381 Pyrites avec la Blende, dans le quartz.

380 Cuivre en petites paillettes, dans une espèce de grès.

307 Mine de Cuivre en petits grains mêlés de quartz; de St.-Bel.

305 Mine de Cuivre pyriteuse, mêlée de quartz; de St.-Bel.

310 Mine de Cuivre grise & jaune, dans le granite & la pierre ollaire; de Chevinac.

279 Cuivre natif.

325 Joli morceau d'azur de Cuivre, dans le quartz; de Chevinac.

354 Cuivre noir & verd de montagne, de Schlaggenwald.

357 Joli morceau où l'on voit le Cuivre gris, le Verd de montagne, la Malachite, & l'Azur de Cuivre cristallisé & mêlé avec des cristaux de quartz.

347 Cuivre natif par cémentation, qui se tire, dans les Mines de New-shol en Hongrie, des eaux vitrioliques qui découlent des fentes de la montagne, & dont les parties

cuivreuſes ſe précipitent ſur le Fer
qui, à cette fin, eſt mis dans ces eaux.

326 Azur de Cuivre, Malachite, Cuivre jaune, Feldſpath, dans une
gangue ferrugineuſe.

330 Cuivre bleu azuré, dans le quartz;
de Langenhek.

301 Mine de Cuivre jaune, Azur de
Cuivre, Verd de montagne, dans
le quartz.

450 Morceau poli de Malachite.

449 *Idem.*

452 *Idem.*

332 Mine de Cuivre jaune; de Tranſilvanie.

323 Malachite en mamelons, ſur le
quartz ; de Langenhek.

349 Cuivre par cémentation; de New-
shol.

448 Malachite, de Sibérie.

363 Cuivre verd en mamelons.

317 Mine de Cuivre azuré, dans le
quartz ; de St.-Bel.

350 Malachite, Verd de montagne, &
Azur de Cuivre, dans le Feldſpath.

281 Cuivre verd.

367 Cuivre gris & jaune, avec mala-

chite , dans une gangue quartzeuze & ferrugineufe.

398 Mine de Cuivre chatoyante, avec le Verd de montagne, dans le Feldfpath ; d'Asberg en Alface.

456 Verd de montagne , dans le grès; de Sibérie.

298 Mine de Cuivre gris, compacte.

329 Malachite & Azur de Cuivre, dans le quartz.

286 Mine de Cuivre verte & noire.

319 Mine de Cuivre verte , avec Azur de Cuivre ; de St.-Bel.

304 Mine de Cuivre jaune , dans le quartz; de Cheffi.

295 Mine de Cuivre jaune , dans le quartz , & le Schift verdâtre.

374 Cuivre en petites paillettes , dans un filon de quartz.

364 Cuivre bleu dans le quartz ; de Schalaggenwald.

318 Mine de Cuivre verte dans un quartz ferrugineux , de St.-Bel.

352 Cuivre natif dans le quartz de Schalaggenwald.

312 Mine de Cuivre jaune coloré; de Chevinac.

383 Cuivre, Blende dans le Feldfpath.

327 Morceau où l'on voit le Cuivre
jaune & la Galène dans le quartz
& la pierre argileuse.

297 Mine de Cuivre verte & azurée,
sur une espèce de porphire altéré.

353 Cuivre natif & Malachite, dans
une gangue calcaire & argileuse;
de Schalaggenwald.

324 Cuivre jaune en décomposition,
avec le plomb verd & le plomb
blanc.

Dans la Table.

341   Or, Argent, Mercure.

372 Argent vitreux cristallisé, avec
Blende & Pyrites, dans le quartz
cristalisé.

494 Filon d'Argent gris dans le quartz.

469 Argent rouge passant à l'état d'Argent vitreux; de Joachimstal.

493 Gros morceau de quartz, où on remarque un peu d'Argent vitreux.

468 Gros morceau d'Argent gris.

500 Argent gris cristallisé sur une espèce de Cobalt.

480 Morceau informe de Mine d'Argent vitreuse.

533 Argent vitreux & Pyrites dans le quartz criftallifé.

495 Gros morceau d'Argent gris.

491 Pyrites aurifères de la Mine d'Æ-delfors, de la province d'Alcheda, dans le Smoland.

497 Maffe quartzeuze, où on remarque la Mine d'Argent vitreufe & l'Ocre Martial.

498 Gangue quartzeufe, où on voit la Mine d'Argent rouge, & des empreintes de Spath cubique.

499 Carte remplie de pouffière noire que l'on dit contenir de l'Argent; du Dauphiné.

493 Morceau d'Argent vitreux.

488 Jafpe rouge, avec Galène, Blende & Pyrites aurifères; de Hongrie.

490 *Idem.*

— Cinabre, dans une roche grife.

526 Mine de Cinabre & Galène, tenant Argent fur une gangue quartzeufe.

731 Mercure coulant avec Mine de Mercure grife criftallifée.

740 Mercure coulant dans une roche ferrugineufe avec verd de montagne.

En tout 31 morceaux de Mi-

nes d'Argent, 2 morceaux de Py-
tes aurifères & 40 morceaux de
Mine de Mercure.

Dans la Table.

ANTIMOINE, COBALT, BLENDE ET SOUFRE.

341 Quatre-vingt morceaux, savoir :

561 Antimoine spéculaire dans une gangue ferrugineuse.

532 Antimoine avec la Pyrite & la
pierre ollaire ; de Transilvanie.

511 Antimoine spéculaire, recouvert
de Soufre doré.

507 Antimoine de Kremnitz.

542 Blende en petit cristaux, avec la
Pyrite.

361 Cobalt chatoyant, de Schallag-
genwald.

548 Blende en petits cristaux, dans le
quartz ; de Transilvanie.

568 Blende, Pyrites & argent vitreux
dans le quartz.

563 Blende dans le quartz ; de Transilvanie.

591 Arsenic grise en boule.

584 Soufre natif.

583 Pierre sulfureuse de la Solfatarre.

556 Très-peu de Blende, avec Pyrites,
dans le quartz; de Transilvanie.

575 Blende & Pyrites en filons alterna-
tifs.

549 Blende avec Pyrites dans le quartz;
de Transilvanie.

592 Mine de Colbat grise; d'Almont.

581 Blende en petits grains dans le
quartz & la pierre ollaire.

597 Cobalt noir.

562 Manganèse.

601 Fleurs de Colbat rouges sur le grès.

599 Colbat en efflorescences rouges.

593 Cobalt gris avec fleurs de Cobalt
rouge; d'Almont.

598 Cobalt noir avec fleurs de Colbat
rouges.

652 Cobalt gris.

366 Verd de montagne & Azur de cuivre, avec le cuivre gris & les
fleurs de Cobalt rouges.

600 Cobalt en efflorescences rouges.

602 Pierre couverte de fleurs de Cobalt rouges.

594 Cobalt noir, avec fleurs de Cobalt
rouges, d'Almont.

596 Cobalt noir.

587

587 Mine de Cobalt ; d'Almont en
Dauphiné.

592 Mine de Cobalt grife ; d'Almont.

574 Blende en petits grains , dans le
quartz.

544 Blende.

550 Morceau roulé de Blende , & Pyrites ; de Tranfilvanie.

580 Blende & Galéne.

566 Très-gros morceau de quartz par-
femé de Pyrites , Blende & Argent vitreux.

578 Blende en larges lames.

542 Blende en petits grains avec la
Pyrite.

560 Blende & Pyrites en filons alterna-
tifs , fur le quartz.

576 Blende en maffe.

559 Blende avec Pyrites ; de Châtelaudren.

514 Manganèfe en aiguilles ; de Tranfilvanie.

547 Très-beau morceau de Blende criftallifée ; de Tranfilvanie.

558 Blende avec Pyrites & quartz ; de
Châtelaudren , en Bretagne.

567 Blende & Pyrites dans le quartz.

557 Blende criftallifée irréguliérement

fur un filon de Jafpe & de Galêne;
de Châtelaudren.

577 Blende recouverte d'une couche
de Pyrites mamelonnée.

339 Cuivre , avec Blende ; de la province d'Alarne.

569 Blende avec Pyrites & argile.

551 Manganèfe , en maffe informe ; de
Tranfilvanie.

604 Pierre Calaminaire.

605 *Idem.*

652 Cobalt gris.

Dans la Table.

Cristallisations Quartzeuses.

343 Quarante-cinq morceaux.

615 Quartz criftallifé dans une cavité
de rocher , fur un filon de Pyrites
& Blende.

618 Grouppe de criftaux de roche irré-
guliers, fur une gangue Quartzeufe
Pyriteufe.

648 Criftaux de roche.

617 Criftaux de Roche, dans une fente
d'une efpèce de Jafpe Pyriteux.

613 614 Criftal de roche en maffe; de
Madagafcar.

644 Cristaux d'Amétiste, grouppés dans une espéce de Jaspe.

633 Grouppe de petits cristaux de roche avec leur prisme & leur pyramide.

623 Grouppe de cristaux d'Amétiste, peu colorés.

649 Grouppe de cristaux d'Amétiste.

626 Grouppe de cristaux d'Amétiste, sur un fragment de géode d'Agate.

636 Grouppe de cristaux de quartz rouges, sur une Agate.

612 611 645 Cristal de roche, de Madagascar.

623 Cristaux de roche couverts d'une vapeur cuivreuse.

647 Beau grouppe de cristaux de roche dont on ne voit que les pyramides.

635 Grouppe de cristaux de roche, avec de la mine d'étain.

631 Morceau de quartz, où l'on voit d'un côté des cristaux de roche, de l'autre des cannelures profondes qui paroissent avoir été formées par le Spath calcaire en lames, sur lequel le quartz s'est déposé.

643 Quartz avec des empreintes de Spath vitreux cubique, & autres.

Dans la Table ,

CRISTALLISATIONS CALCAIRES, &c.

344 Cinquante morceaux , savoir :

    667 Un morceau informe de Mica blanc.

    671 Grouppe de Spath calcaire, pyramidal.

    661 Joli morceau où l'on voit les Cristaux de Spath calcaire, lenticulaire, implantés les uns sur les autres , en forme de pyramides, à sommets trièdres , la Gangue est la Galéne & le Spath vitreux verd & blanc.

    668 Spath séléniteux , en crêtes de coq , chargé de pyrites.

    675 Morceau d'Albâtre vitreux poli.

    678 Spath calcaire cristallisé en pyramides trièdres.

    673 Grouppe de cristaux de Spath vitreux cubique, avec le Fer spathique , lenticulaire.

    659 Grouppe de Cristaux de Spath séléniteux , couvert de pyrites.

    658 Morceau couvert d'un côté de Spath pyramidal, & de l'autre de Spath vitreux.

666 Criſtal de Spath calcaire rhom-
    boïdal.

669 *Idem.*

670 Groupe de Spath calcaire pyra-
    midal.

664 Fragment d'un gros Criſtal de Spath
    féléniteux ; & autres.

Dans la Table.

SUBSTANCES BITUMINEUSES ET LAVES.

345 Quatre-vingt-neuf morceaux, ſavoir :

337 Cuivre avec le Schorl ſtrié & le
    Mica ; de la province d'Alarne.

707 Lave poreuſe ; du Mont-Brun.

706 Lave poreuſe paſſant à l'état d'ocre ;
    du Mont-Brun.

702 Pluſieurs fragmens de Schorl noir
    volcanique , très-attirable à l'ai-
    mant ; de Rochemaure.

709 Lave compacte.

246 Très-beau morceau , où l'on voit
    des Criſtaux d'Hyacintes , des Vol-
    cans , dans un ſilon d'une eſpèce
    de grès , formé de petits Grenats ,
    & de Mica ; du Véſuve.

698 Eſpèce de Tofa volcanique , mêlé
    de Spath calcaire ; de Rochemaure.

680 Morceau de Lave ſolide poli.

714 Lave compacte, en partie poreuse.

703 Lave poreuse, attirable à l'aimant ;
de Chenavari.

716 Espèce de Lave venant des Mines
de charbon de terre, qui brûlent
près de S. Etienne, en Forêts.

701 Brèche volcanique ; de Rochemaure, en Vivarais.

715 Lave poreuse.

687 Morceau de Lave poreuse enduite
de verre de Volcan.

692 Lave poreuse en décomposition ,
mais encore attirable.

694 *Idem.*

705 Lave poreuse, du cratère; du Mont-
Brun.

697 Lave compacte, des environs de
Rochemaure.

690 Pierre de gallinace , mêlée de
Lave.

711 Lave des Volcans ; du Puy-de-
Dôme.

708 Lave compacte des Volcans , du
même endroit.

682 Schorl verd , altéré par le Volcan.

717 Lave poreuse , des isles du Cap
Verd.

710 Lave poreufe & péfante.

683 Lave poreufe rougeâtre.

693 Lave poreufe en décompofition,
& non attirable, avec une couche
d'hœmatite.

679 Joli Grouppe de criftaux de félé-
nite.

704 Lave poreufe, peu attirable; du
Mont-Brun.

681 Morceau de Lave compacte, brute.

713 Pierre de gallinace.

686 Morceau de Lave, poreufe, couverte d'une efflorefcence d'Ocre.

693 Lave poreufe en décompofition,
non attirable, avec une couche
d'hœmatite.

688 Lave poreufe fort attirée.

691 Lave poreufe, paffant à l'état d'argile, mais dont le centre eft encore
attirable.

PÉTRIFICATIONS.

546 Un lot de Pétrifications, contenant un
Orthocératite en forme de cornet d'a-
bondance, & fon couvercle (pièce rare);
deux Palais de Poiffon, dans de la
craie; deux Plaques de Madréporites,

fciées & polies ; un Grouppe de poulettes pétrifiées, connues fous le nom
d'*Hiſſerolites ailées* ; quatre grandes Gloſſopètres ; une Boëte contenant plus de
ſoixante variétés de Gloſſopètres, &c. ;
plus, huit petits Dés foſſiles ; de Bâle
(on croit que ces Dés ſervoient aux
Romains).

347 Un Grouppe de Criſtaux de roche en
aiguilles, colorées en verd par le Schorl
qu'elles contiennent ; un morceau de
Criſtallifation, dans lequel eſt un Filon
d'amiante ; un grand morceau de bois
pétrifié, auquel adhère une corne d'Ammon ; une très-grande Corne d'Ammon,
fur laquelle ſont adhérentes des Bélem-
nites ; une Maſſe pierreuſe traverfée,
en divers ſens, d'oſſemens pétrifiés ;
un gros Canon de Criſtal de roche, quatre
Colonnes à ſix pans de bafalte groſſier,
d'Auvergne ; plus, les fragmens d'un
Coffre en albâtre ; d'Eſpagne.

348 Deux Plaques de marbre lumachel ; de
Carinthie.

    « La plupart des Coquilles dont il
» eſt formé, ont conſervé leurs belles
» couleurs d'opâle ».

349 Une Empreinte de feuille de fougère,

fur une roche fchrifteufe; une Pierre
argileufe arborifée ; huit Cailloux &
Jafpes, polis fur une de leurs faces,
de couleurs variées; & une Corne d'Ammon, fciée & polie.

350 Un lot de Pétrifications de toutes efpèces,
dont vingt morceaux de bois pétrifiés;
plus, vingt-cinq Echantillons de bois
étrangers, non-pétrifiés.

351 Plufieurs Pétrifications, empreintes de
fougères ; Criftaux de roche; Cailloux
du Rhin & autres.

352 Cinquante Blocs de diverfes Pétrifications, Criftallifations, Minéraux, Soufre,
&c.

CURIOSITÉS DES ARTS,

MACHINES DE PHYSIQUE.

353 Une Pendule à fecondes, de *Julien le
Roi*, dont la force motrice eft produite
par de petites balles de plomb, qui
rempliffent des petits godets fixés à un
ruban tenant lieu de la corde des pendules
à poids ; à chaque paffage des godets,
la roue des heures ouvre un réfervoir
placé en haut, & il en tombe la quan-

tité suffisante pour le remplir. Les godets en bas se renversent, & les balles tombent au fond de la boëte ; on les remet dans le réservoir.

La Pendule peut aller un an ; elle pourroit aller un plus grand nombre d'années (même indéterminable), en mettant un réservoir qui contienne une plus grande quantité de balles de plomb.

Deux Tubes remplis de Mercure, corrigent la dilatation de la branche du pendule, en combinant le centre de gravité, toujours au même éloignement de la suspension.

354 Deux très-grands & beaux Globes, l'un terrestre, l'autre céleste : les cercles sont en cuivre, & divisés avec la plus grande précision.

Ces Globes sont montés sur des pieds de bois d'Acajou massif.

Cet article mérite d'être remarqué.

355 Un Microscope de *Dellebarre*, dans sa boëte de bois des Indes.

On y a joint un certificat, signé *Dellebarre*, qui atteste que cet instrument a été fabriqué par cet habile Artiste.

356 Un Microscope garni de ses objectifs & autres pièces.

357 Une Pierre d'aimant armée.

358 *Idem.*

359 *Idem.*

360 *Idem.*

361 Quatre ; tant Baromètres, que Thermomètres.

Curiosités Egyptiennes , Indiennes , Chinoises , Africaines, & des divers Peuples sauvages.

362 Une Isis en bois, chargée d'Hiéroglyphes ; une Tasse de Réalgar sculptée & dorée dans l'intéreur, ouvrage des Chinois ; un Chat d'ancienne porcelaine grise ; trois Lampes sépulcrales antiques ; & six Empreintes en terre cuite, antiques, de Médailles d'Empereurs, & de leurs revers ; ces objets ont été trouvés dans les vignes, des environs de Vienne, en Dauphiné.

363 Une Pagode chinoise , en cristal de roche.

364 Deux grandes Pagodes à tête branlante, en terre colorée (Mandarin & Femme chinoise).

365 Une Pagode en porcelaine , & deux autres habillées en étoffes.

366 Deux Pagodes, repréfentant des Chinois
& Chinoifes, couchés & habillés en
étoffes.

367 Quatre Pagodes, dont deux vieillards,
de terre de Chine, colorée.

368 Cinq Pagodes chinoifes, de terre, pâte
de riz & pierre ollaire.

369 Cinq Pagodes en pâte de riz, & pierre
ollaire de Chine, dont deux Rieurs à
gros ventre.

370 Six Pagodes à têtes branlantes, de terre
des Indes.

371 Un Palais Chinois, à trois étages, &
deux Minarets à cinq étages, en nacre
de perles, garnis dans les intérieurs de
petites Pagodes en pierre de lard,
colorée.

    « Cet objet curieux & bien confervé,
» eft renfermé fous une grande cage de
» verre, & porté par une table de bois,
» peint en gris ».

372 Trois Lanternes chinoifes, dont une
d'ivoire repercée à jour.

373 Quatre Caffolettes en forme de trépied,
en bronze, à l'ufage des Chinois.

374 Trois Bouteilles, en bronze, remplies
de divers uftenciles chinois.

375 Trois Couverts de table chinois, com-
posés d'un couteau & de deux attelets
d'ivoire.

Deux font recouverts de rouffette,
dont un garni d'acier, damafquiné en
or; le troifième eft incrufté de burgau.

376 Une paire de Bottes, & autres uftenciles
chinois.

377 Neuf petites Taffes de porcelaine de
Chine, rentrantes les unes dans les
autres.

378 Une Robe de mandarin en fatin verdâtre, richement brochée en or.

379 Un Cabinet de Laque noir, incrufté de
pagodes en burgau.

380 Deux Coffres de Laque, dont un fond
avanturine, & l'autre avec fruits de
relief.

381 Deux Coffres en Laque, avec des reliefs
repréfentans des uftenciles chinois, en
pierre de lard.

382 Une Boëte de Laque à bords contournés,
contenant quatorze autres Boëtes, dont
huit en forme de poiffon.

383 Une Théyere; une Boëte à comparti-
mens; deux petites Boëtes & un Plateau
de laque noir & or.

384 Un Plateau de ferpentine, dont les bords
font façonnés en rochers, & deux Théyeres
plaquées de nacre de perle.

385 Sept Divinités Indiennes, en bronze.

386 Un Tapis indien, richement peint de
diverfes couleurs très-vives, repréfentant
des ferpens, oifeaux, & fleurs chimé-
riques.

387 Une Chemife de bain en toile de coton;
un Schall de rézeau de foie; un Hamac
en toile de coton : le tout à l'ufage des
Indiens.

388 Dix-huit Couïs ou Callebaffes, à l'ufage
des Nègres.

389 Une Robe de chambre & fa vefte de
fatin citron, brochées en or, de fabrique
turque : elle eft doublée de taffetas verd,
neuf.

390 Une Pomme de canne en bec de Corbin,
faite en ivoire de Vache marine ; un
Poignard turc à manche d'ivoire, repréfentant une tête de cheval.

391 Six Pipes en terre ; un Poignard turc,
dont le manche en bois fculpté repré-
fente un Hibou ; un autre Poignard ; un
Cric ; deux Cuillères de corne, & autres

objets fabriqués par les Indiens : en tout,
treize pièces.

392 Un Arc en bois de fer, richement
sculpté en mosaïque ; un Carquois de
cuir, garni de vingt-neuf flèches de ro-
seau, dont les têtes sont dorées, & un
Calumet de paix : le tout à l'usage des
Indiens.

393 Un Arc ; un Carquois garni de flèches ;
une Carnassière, un Cassetête en bois de
fer ; un Calumet ; un Javelot de bois
sculpté, & autres ustenciles des sauvages :
en tout, huit pièces.

394 Deux Calumets, un Vase de corne de
Rhinocéros, un Poignard nègre, un couteau turc, qui en contient un second
renfermé dans son manche, de manière
que toute la lame du premier est creuse.

395 Un Paquet de plusieurs armes, à l'usage
des Sauvages, tels que Javelots, Arcs,
Flèches, Carquois, &c.

Au nombre de plus de quarante pièces.

396 Un Fusil à rouet, garni de plaques
d'ivoire cizelées, représentans des chasses.

397 Divers Ustenciles, à l'usage des Sauvages.

398 *Idem.*

399 *Idem.*

400 Quatre Racines , *dites* Mandragores ,
représentant divers oiseaux.

401 Six Racines, *dites* Mandragores, représentant des Pagodes.

402 Divers Modèles de machine , uftenciles
de Sauvages , tels que Flèches , Arcs ,
&c.

403 Un Panier de rofeau , fabriqué par les
Sauvages , contenant divers uftenciles
chinois & indiens , tels que pinceaux ,
fétiches de pierre , de cocos , un bout
de corde de laiton treffé , & un livre en
écailles , dont les parties font défunies ,
&c.

404 Sept Boëtes de fer blanc , & plufieurs
Paniers de rofeaux , fabriqués par les
Sauvages.

405 Les Devantures d'armoires , garnies de
grands carreaux de verre de bohême ,
qui garniffent le pourtour de la galerie.

406 La grande Table creufe garnie de beaux
& grands verres de bohême , du milieu
de la galerie.

407 Un Paravent , de laque rouge.

CURIOSITÉS DES ARTS,

Vases, Coupes, Colonnes et matières
précieuses, Bustes et Vases de
bronze, &c.

408 Deux Vases de bronze, *dits* de Médicis,
ornés de frises repréfentant des fêtes
antiques, fur leurs colonnes de granit
verd des Vofges, & focles de granit
gris.

409 Deux Buftes de femme, grands comme
nature, en bronze parfaitement réparé,
repréfentant le printemps & l'automne,
fur leurs piédouches de marbre veiné,
blanc & violet.

410 Deux fortes Colonnes de granite gris,
avec bafes de granite verd, des Vofges.

411 Deux Vases de marbre africains, richement ornés de ferpens entrelacés, & de
guirlandes dorées d'or moulu, fur leurs
confoles de *Boule*, richement garnies
de mafques, enroulemens, & autres
ornemens de cuivre dorés d'or moulu.

412 Un Bufte en terre cuite, grand comme
nature, repréfentant le célèbre Buffon ;

le piédouche est en granite, il est porté
sur une colonne de bois peinte en porphire.

413 Une Coupe ovale en forme de coquille,
d'agate cristalline, *dite* Prime d'amétiste;
elle est richement montée en or.

414 Une belle Coupe ovale, à cannelures
de relief, d'agate cristalline micacée,
dite Avanturine naturelle : elle est d'une
riche couleur, & montée en argent.

415 Une Coupe ovale à cannelures de relief
& de grand volume, d'avanturine naturelle : elle est montée en argent.

416 Une Coupe ovale en corne de rhinocéros, avec reliefs détachés à jour,
représentant des Ibis, des Lotus & autres
plantes égyptiennes : elle est montée
en argent.

417 Un joli Vase d'ambre jaune, richement
sculpté en relief, représentant des oiseaux
& fruits; son couvercle est surmonté
d'une grenade.

418 Un Vase de jade verd, avec anse pris
sur pièce.

419 Une Tasse ronde d'agate d'Allemagne,
& une de pierre ollaire de Chine, avec

dragons repercés à jour , & pris sur pièces.

420 Deux Bouquets de fleurs , peints par *Agricola* ; l'un composé de trois fleurs , dont une tulipe , une oreille d'ours : l'autre d'une jacinte , une renoncule , une anemone & une branche de jasmin jaune.

421 Un Grouppe de figures en terre cuite , représentant la Charité romaine.

422 Sept Bouquets de fleurs , dont trois faits en Chine , avec des portions d'infectes , & les quatre autres en coquilles.

423 Une Canne faite avec l'ivoire de la défense de Narwal.

424 Deux Rochers artificiels , l'un de cristaux d'alun , l'autre de cristaux de vitriol bleu , fous une grande cage garnie de verres , dont un est cassé.

425 Deux grandes Cloches de verre fort épais.

426 Deux Modèle de canots , & d'un Berceau indiens , ornés de figures drappées suivant le costume du pays.

427 Un Modèle de vaisseau.

428 *Idem.*

429 Cinq Socles en stuc ; deux Cloches de
verre , un Rocher en cuivre rosette , &
un Grouppe de cristaux de vitriol.

430 Deux forts Vases de stuc de forme ovale,
imitant le marbre jaune antique.

A Paris, de l'Imprimerie de QUILLAU , rue du Fouare
numéro 2 , Division du Panthéon-français.